上海市交通运输行业协会团体标准

预埋承插式连接件管片应用技术规程

Technical specification for application of embedded socket type joint in segment

T/SHJX 064—2024

主编单位：上海申通地铁建设集团有限公司
　　　　　上海市隧道工程轨道交通设计研究院
批准部门：上海市交通运输行业协会
施行日期：2024 年 7 月 30 日

同济大学出版社

2025　上海

图书在版编目(CIP)数据

预埋承插式连接件管片应用技术规程 / 上海申通地铁建设集团有限公司,上海市隧道工程轨道交通设计研究院主编. --上海:同济大学出版社,2025.6. -- ISBN 978-7-5765-1595-4

Ⅰ. TH136-39

中国国家版本馆 CIP 数据核字第 20255A6G11 号

预埋承插式连接件管片应用技术规程

上海申通地铁建设集团有限公司
上海市隧道工程轨道交通设计研究院　主编

责任编辑	朱　勇
责任校对	徐逢乔
封面设计	陈益平

出版发行　同济大学出版社　www.tongjipress.com.cn
　　　　　(地址:上海市四平路 1239 号　邮编:200092　电话:021-65985622)

经　　销	全国各地新华书店
印　　刷	苏州市古得堡数码印刷有限公司
开　　本	889mm×1194mm　1/32
印　　张	2
字　　数	50 000
版　　次	2025 年 6 月第 1 版
印　　次	2025 年 6 月第 1 次印刷
书　　号	ISBN 978-7-5765-1595-4
定　　价	30.00 元

本书若有印装质量问题,请向本社发行部调换　　版权所有　侵权必究

上海市交通运输行业协会

沪交协(2024)第 37 号

上海市交通运输行业协会
关于发布《预埋承插式连接件管片应用技术规程》
团体标准的通知

经上海市交通运输行业协会第八届第二十三次秘书长办公会议研究，同意发布《预埋承插式连接件管片应用技术规程》团体标准。

发布编号为：T/SHJX 064—2024；

特此通知。

上海市交通运输行业协会

2024 年 4 月 27 日

目 次

前言 ··· Ⅲ
引言 ·· Ⅴ
1 范围 ··· 1
2 规范性引用文件 ··· 1
3 术语和定义 ·· 3
4 分类、形状与标记 ······································· 5
   4.1 分类 ·· 5
   4.2 形状 ·· 5
   4.3 标记 ·· 5
5 管片设计 ·· 6
   5.1 一般规定 ·· 6
   5.2 荷载及组合 ······································· 6
   5.3 结构型式 ·· 9
   5.4 设计计算 ··· 10
   5.5 构造要求 ··· 14
   5.6 预埋承插式连接件管片防水构造 ············· 15
6 预埋承插式连接件 ······································ 16
   6.1 纵缝连接件一般规定 ··························· 16
   6.2 纵缝连接件技术要求 ··························· 18
   6.3 环缝连接件一般规定 ··························· 18
   6.4 环缝连接件技术要求 ··························· 20
   6.5 检验规则 ··· 21
7 预埋承插式连接件管片生产要求 ··················· 24
   7.1 原材料及制作要求 ····························· 24
   7.2 管片生产技术要求 ····························· 26

Ⅰ

7.3　管片质量检测试验方法 ·························· 30
　　7.4　出厂合格证 ····································· 33
　　7.5　贮存和运输 ····································· 33
8　预埋承插式连接件盾构隧道施工及验收要求 ············· 34
　　8.1　管片进场验收及使用前准备工作 ···················· 34
　　8.2　盾构设备要求 ··································· 35
　　8.3　盾构掘进施工要求 ······························· 37
　　8.4　管片拼装要求 ··································· 39
　　8.5　隧道防水要求 ··································· 40
　　8.6　成型隧道验收标准 ······························· 41
附录 A（规范性）　纵缝连接件组件拉伸性能试验方法 ······ 43
附录 B（规范性）　环缝连接件组件抗拉试验方法 ·········· 45
附录 C（规范性）　环缝连接件组件抗剪试验方法 ·········· 47
附录 D（规范性）　防水密封垫水压试验方法 ·············· 49
附录 E（规范性）　防水密封垫特殊浸水试验方法 ·········· 51
附录 F（规范性）　预埋承插式管片进场验收记录表 ········ 52
附录 G（规范性）　环缝连接件连接螺杆进场验收记录表 ···· 53
附录 H（规范性）　防水密封垫进场验收记录表 ··········· 54

前　言

本文件按照 GB/T 1.1—2020《标准化工作导则　第 1 部分：标准化文件的结构和起草规则》的规定起草。

预埋承插式连接件管片技术的应用，可以提高成型隧道拼装质量，有效提高衬砌环向刚度；拼装完成后的隧道具有"环刚纵柔"的特点，管片抗变形和沉降的能力较强。采用预埋承插式连接件管片技术不仅可以提高盾构隧道施工质量，降低后期运营维护成本，同时可以满足盾构施工智能化、自动化技术发展需求，对于国内轨道交通领域实现盾构施工智能化、自动化将起到积极的推动和指导作用。

为了更好地指导、促进、规范预埋承插式连接件管片在城市轨道交通工程中的应用及发展，在结合科研成果及实际工程经验总结的基础上，制定本文件。

本文件在编制过程中，编制组经过深入调查研究，认真总结了国内实际工程的实践经验，并在广泛征求意见的基础上，最后经审查定稿。现阶段国内预埋承插式连接件管片技术的应用尚在起步阶段，本文件还需通过实践不断完善，试行过程中如有意见和建议，请函告上海市隧道工程轨道交通设计研究院（联系人：张旭；地址：上海市徐汇区中山西路 1999 号 10 楼；邮编：200235），以便修订时参考。

请注意本文件的某些内容可能涉及专利。本文件的发布机构不承担识别专利的责任。

授权委托单位：上海市交通运输行业协会轨道交通专业委员会
主编单位：上海申通地铁建设集团有限公司、上海市隧道工程轨道交通设计研究院
参编单位：上海轨道交通十八号线发展有限公司、同济大学、

上海隧道工程有限公司、中铁一局集团有限公司、苏州市嘉可达建筑工程材料有限公司、上海建工建材科技集团股份有限公司、上海同济检测技术有限公司、上海隧道工程质量检测有限公司、上海浦公检测技术股份有限公司、上海城建隧道装备科技发展有限公司、杭州铁牛机械有限公司、江阴海达橡塑股份有限公司、上海高强度螺栓厂有限公司

主要起草人：王秀志、李文勇、曹伟飚、杨志豪、应卓清、应伯宣、管攀峰、朱海良、陆　明、朱宝林、沈张勇、张　旭、王嘉烨、柳　献、周志强、王超群、郭长弓、陈　彪、赖本容、李　华、万　洋、陈昌跃、何国军、陈培新、王　田、晏子雄、李开建、白洲宸、吕根喜、张晓东、董建纲、殷　杰、孙志雷、赵思豫、陈　勇、刘旭阳、蒋　涛、朱凌杰、钟元元、赵建军

引　言

本文件的发布机构提请注意,声明符合本文件时,可能涉及5.3.7、5.3.8、5.3.9与"一种采用快速接头拼装结构的盾构隧道",5.6与"一种用于盾构隧道管片接缝的防水结构"相关的专利使用。

本文件的发布机构对于上述专利的真实性、有效性和范围无任何立场。

该专利持有人已向本文件的发布机构承诺,愿意同任何申请人在合理且无歧视的条款和条件下,就专利授权进行许可谈判。上述专利的持有人的声明已在本文件的发布机构备案。相关信息可以通过以下联系方式获得:

a) 专利"一种采用快速接头拼装结构的盾构隧道":

——专利持有人姓名:上海市隧道工程轨道交通设计研究院;

——地址:上海市中山西路1999号。

b) 专利"一种用于盾构隧道管片接缝的防水结构":

——专利持有人姓名:上海市隧道工程轨道交通设计研究院;

——地址:上海市中山西路1999号。

请注意除上述专利外,本文件的某些内容仍可能涉及专利。本文件的发布机构不承担识别专利的责任。

预埋承插式连接件管片应用技术规程

1 范围

本文件规定了盾构法隧道预埋承插式连接件管片的设计、连接件检验、管片生产、盾构隧道施工及验收等内容。

本文件适用于城市轨道交通预埋承插式连接件管片的设计、生产、检验和施工。

2 规范性引用文件

下列文件中的内容通过文中的规范性引用而构成本文件必不可少的条款。其中，注日期的引用文件，仅该日期对应的版本适用于本文件；不注日期的引用文件，其最新版本（包括所有的修改单）适用于本文件。

GB 50009	建筑结构荷载规范
GB 50010	混凝土结构设计规范
GB 50011	建筑抗震设计规范
GB 50017	钢结构设计标准
GB 50119	混凝土外加剂应用技术规范
GB 50153	工程结构可靠性设计统一标准
GB 50157	地铁设计规范
GB 50225	人民防空工程设计规范
GB 50307	城市轨道交通岩土工程勘察规范
GB 50446	盾构法隧道施工及验收规范
GB 55001	工程结构通用规范

GB 55006	钢结构通用规范
GB 55008	混凝土结构通用规范
GB 55033	城市轨道交通工程项目规范
GB 175	通用硅酸盐水泥
GB 8076	混凝土外加剂
GB/T 50476	混凝土结构耐久性设计标准
GB/T 51438	盾构隧道工程设计标准
GB/T 701	低碳钢热轧圆盘条
GB/T 1348	球墨铸铁件
GB/T 1499.2	钢筋混凝土用钢 第2部分:热轧带肋钢筋
GB/T 1591	低合金高强度结构钢
GB/T 1596	用于水泥和混凝土中的粉煤灰
GB/T 3098.1	紧固件机械性能 螺栓、螺钉和螺柱
GB/T 6414	铸件 尺寸公差、几何公差与机械加工余量
GB/T 9441	球墨铸铁金相检验
GB/T 18046	用于水泥、砂浆和混凝土中的粒化高炉矿渣粉
GB/T 18173.3	高分子防水材料 第3部分:遇水膨胀橡胶
GB/T 18173.4	高分子防水材料 第4部分:盾构法隧道管片用橡胶密封垫
GB/T 21120	水泥混凝土和砂浆用合成纤维
GB/T 22082	预制混凝土衬砌管片
GB/T 23615.1	铝合金建筑型材用隔热材料 第1部分:聚酰胺型材
GB/T 38901	纤维混凝土盾构管片
GB/T 228.1	金属材料拉伸试验 第1部分:室温试验方法
GB/T 2408	塑料燃烧性能的测定水平法和垂直法
GB/T 6461	金属基体上金属和其他无机覆盖层经腐蚀试验后的试样和试件的评级
GB/T 10125	人造气氛腐蚀试验盐雾试验

GB/T 20066	钢和铁化学成分测定用试样的取样和制样方法
GB/T 28300	热轧棒材和盘条表面质量等级交货技术条件
GB/T 50080	普通混凝土拌合物性能试验方法标准
GB/T 50081	混凝土物理力学性能试验方法标准
GB/T 50082	普通混凝土长期性能和耐久性能试验方法标准
GB/T 50107	混凝土强度检验评定标准
JGJ 52	普通混凝土用砂、石质量及检验方法标准
JGJ 63	混凝土用水标准
JC/T 2030	预制混凝土衬砌管片生产工艺技术规程
CJJ/T 164	盾构隧道管片质量检测技术标准

3 术语和定义

下列术语和定义适用于本文件。

3.1

管片 segment

隧道预制衬砌环的基本单元。管片的类型主要有钢筋混凝土管片、纤维混凝土管片、钢管片、铸铁管片、复合管片等。

3.2

预埋承插式连接件 embedded socket type connector

在管片成环连接的连接界面上，通过预先埋置凸形连接件和凹形连接件，以凹、凸相对承插对接的形式，实现管片块与块之间紧固连接。在管片环与环之间的连接界面上，通过预埋套筒和相配套的连接螺杆、衬圈的形式实现管片环与环之间紧固连接。

3.3

纵缝连接件 longitudinal gap connector

用于管片纵缝位置的连接件,由两个相配套插销式的子、母连接件组成。

3.4

子连接件 convex connector

预埋在管片分块面特定位置上的凸形连接件。

3.5

母连接件 concave connector

预埋在管片分块面特定位置上的凹形连接件。

3.6

环缝连接件 circumferential connector

用于连接衬砌环的连接件,由两个预埋套筒和相配套的连接螺杆、衬圈组成。

3.7

检漏试验 testing of leakage

对用于实际工程的管片在特制的水压抗渗试验台上进行的渗透性试验,以模拟检验管片抗地下水渗透能力。

3.8

水平拼装检验 testing of horizontall assembly

通过测量管片水平组装两环或三环的尺寸精度和形位偏差,对管片和模具进行的检验。

3.9

抗弯性能检验 testing of banding

对单块管片进行的抗弯承载能力试验,以检验其在规定的试验方法下的承载力是否符合设计要求。

3.10

抗拔性能检验 resistance to pull off

对管片中心吊装孔的预埋构件进行拉拔试验,以检测其在外力作用下承受的抗拔力是否符合设计要求。

4 分类、形状与标记

4.1 分类

4.1.1 本文件中的管片类型为承插式管片(C),分类代号为通用型衬砌管片(T),可用于直线段和曲线段。

4.1.2 根据隧道的直径大小,管片块数可分为4~10块。

4.2 形状

衬砌环的两个环面均为对称楔形。

4.3 标记

管片的标记内容包含管片类型、分类代号、块数、规格、管片在环内的位置、配筋情况。标记格式如下:

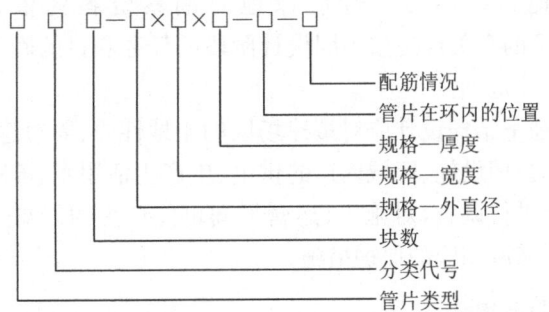

[标记示例]

承插式通用型衬砌管片、6 块、外直径为 6 600 mm、宽度为 1 200 mm、厚度为 350 mm、标准块 B2、配筋为 Ⅱ 型的管片标记为：C T 6—6600×1200×350—B2—Ⅱ。

5 管片设计

5.1 一般规定

5.1.1 管片结构的设计应根据隧道所处水文地质条件、线路条件、规划及环境条件不同地段，通过技术、经济、环境影响等多方面综合评价，选择合理的结构断面型式和管片连接方式。

5.1.2 地下结构的净空尺寸须符合地铁建筑限界要求，并应满足使用及施工工艺要求，同时应计入施工误差、结构变形和位移等因素的影响。

5.1.3 地下结构应结合结构断面型式、断面大小、工程地质、水文地质及环境条件等因素，合理确定其埋置深度及其与相邻隧道的距离。

5.1.4 预埋承插式接头管片设计应充分考虑纵缝接头刚度提高对内力弯矩在接头位置分配的影响，并对接头加工精度、施工拼装精度、接头检验方法等提出相匹配的技术要求。

5.1.5 地下结构的设计应以地质勘察资料为依据，根据 GB 50307 的有关规定按不同设计阶段的任务和目的确定工程勘察的内容及范围。

5.1.6 地下结构设计应对拟建场区的土地性质、周边建筑物、各类市政和公用设施、区域周边的供电、生产生活用水、道路交通等环境状况进行调查，对施工、运营期间可能产生的影响进行必要的评估并采取相应的保护措施。

5.2 荷载及组合

5.2.1 盾构法隧道结构上作用的荷载分类可参考 GB 50157 和

GB 50009 等的有关规定。

5.2.2 永久荷载标准值应符合下列规定：
  a) 浅埋隧道竖向地层压力应按计算截面以上全覆土压力考虑；深埋隧道竖向地层压力可根据具体工程条件按全覆土压力或泰沙基公式等经验公式进行计算。
  b) 施工阶段黏性土水平地层压力按水土合算，采用经验系数计算；砂性土按水土分算，采用朗肯土压力公式计算，计算点处土的内摩擦角与黏聚力标准值可按直剪固快试验的峰值平均值确定。
  c) 使用阶段水平地层压力应按静止土压力计算，采用水土分算。
  d) 侧向地层抗力和地基反力的大小与分布规律应根据结构形式及其荷载作用下的变形、结构的刚度、施工方法及加固措施合理确定。

5.2.3 可变荷载的标准值可按下列规定计算：
  a) 地面超载一般可按 20 kPa～30 kPa 考虑，对于大型施工机械作业区域、施工堆场、覆土厚度特别小或规划用途已定等情况，地面超载应根据实际情况分析后取用。
  b) 变形受约束的结构，应考虑温度变化和混凝土收缩、徐变对结构的影响。

5.2.4 偶然荷载可按下列规定计算：
  a) 地震荷载应按 GB 50011 的规定计算确定。
  b) 人防荷载应按 GB 50225 的规定计算确定。
  c) 爆炸等灾害性荷载应根据工程建设条件分析后确定。

5.2.5 荷载(效应)组合应按下列规定确定：
  a) 结构设计中，应根据施工、使用阶段在结构上可能同时出现的荷载，按承载能力极限状态和正常使用极限状态分别进行组合，并应取各自最不利的效应组合进行设计。
  b) 对于承载能力极限状态，应采用下列设计表达式进行设计：

$$\gamma_0 \cdot S \leqslant R \tag{1}$$

式中：
  γ_0——重要性系数，对安全等级为一级的结构构件应取1.1，在抗震设计中，不考虑结构构件的重要性系数；
  S——荷载效应基本组合的设计值；
  R——结构构件抗力的设计值。
 c) 荷载效应基本组合的设计值 S，应按下式确定：

$$S = \sum_{i \geqslant 1} \gamma_{Gi} S_{Gik} + \gamma_{Q1} \gamma_{L1} S_{Q1k} + \sum_{j>1} \gamma_{Qj} \varphi_{cj} \gamma_{Lj} S_{Qjk} \quad (2)$$

式中：
  γ_{Gi}——第 i 个永久作用的分项系数，当作用效应对承载力不利时取 1.3，当作用效应对承载力有利时取 $\leqslant$ 1.0；
  S_{Gik}——第 i 个永久作用标准值的效应；
  γ_{Q1}、γ_{Qj}——第 1 个和第 j 个可变荷载的分项系数，当作用效应对承载力不利时取 1.5，当作用效应对承载力有利时取 0；
  S_{Q1k}、S_{Qjk}——第 1 个和第 j 个可变作用标准值的效应；
  γ_{L1}、γ_{Lj}——第 1 个和第 j 个考虑结构设计使用年限的荷载调整系数，结构设计使用年限为 100 年时取 1.1；
  φ_{cj}——第 j 个可变作用的组合值系数，应按现行有关标准的规定采用，如无特别规定可取 0.90。
 d) 对于正常使用极限状态，荷载效应的标准组合设计值 S_s 和荷载效应的准永久组合设计值 S_d 应分别按下列公式确定：
 • 标准组合

$$S_s = \sum_{i \geqslant 1} S_{Gik} + S_{Q1k} + \sum_{j>1} \varphi_{cj} S_{Qjk} \quad (3)$$

- 准永久组合

$$S_d = \sum_{i\geqslant 1} S_{Gik} + \sum_{j\geqslant 1} \varphi_{qj} S_{Qjk} \tag{4}$$

式中：

φ_{qj}——第 j 个可变作用的准永久值系数。

5.2.6 隧道应按施工和使用阶段，分别进行结构的承载能力极限状态计算和正常使用极限状态验算，当计入地震荷载或其他偶然荷载时，可不验算结构的裂缝宽度。

5.3 结构型式

5.3.1 结构型式应根据使用功能、结构受力、防水要求、耐久性和技术经济等综合因素进行比选，可采用单层衬砌、双层衬砌的形式，宜优先采用单层装配式管片衬砌结构。

5.3.2 结构的断面形状和衬砌形式，应根据建筑限界、围岩条件、盾构设备等，从受力、施工和环境保护等方面综合分析确定。

5.3.3 衬砌的厚度应根据隧道使用功能、设计使用年限、衬砌内力及变形、防水设计和施工方法等确定。

5.3.4 联络通道处的衬砌，宜采用钢管片、铸铁管片或钢管片与混凝土管片的复合衬砌环，并考虑不同类型衬砌环间连接形式的转换。

5.3.5 预埋承插式连接件管片接头的尺寸、数量及布置形式应根据隧道埋深、地质条件以及隧道分块、拼装方式等，通过计算分析确定，并宜通过接头抗弯、抗拉、抗剪试验验证，满足构造和结构受力要求。

5.3.6 纵缝预埋承插式连接件为带锚固钢筋的球墨铸铁件，连接件与锚固钢筋应采用直螺纹机械连接。

5.3.7 环缝预埋承插式连接件由预埋套筒、衬圈、连接螺杆组成，预埋套筒和衬圈及连接螺杆的外裹材料为增韧改性聚酰胺，连接螺杆用嵌轴材料宜采用机械性能等级不低于 5.8 级的螺杆。

5.3.8 环缝和纵缝预埋承插式连接件表面应进行防腐蚀处理或

采用防腐蚀材料等方式,保证接头防腐蚀性能能够满足设计要求。

5.3.9 环缝和纵缝预埋承插式连接件批量生产前必须经过型式检验,以确保其匹配性并满足设计要求。

5.4 设计计算

5.4.1 应采用以概率理论为基础的极限状态设计方法,采用分项系数的设计表达式按照承载能力极限状态、正常使用极限状态的要求进行结构计算和验算。

  a）承载能力极限状态:进行结构构件的承载力计算和上浮的整体稳定性验算,并进行结构构件抗震承载力验算。

  b）正常使用极限状态:进行结构构件的变形验算及裂缝宽度验算等。

5.4.2 隧道的安全等级和设计使用年限应符合 GB 50153 的规定。隧道结构中各类结构构件的安全等级宜与整个结构的安全等级相同,对其中次要结构构件的安全等级,可根据其重要程度适当调整。

5.4.3 地下结构应进行横断面方向的受力计算。遇下列情况时,尚应进行纵向强度和变形计算:

  a）覆土荷载沿其纵向有较大变化时。

  b）结构直接承受建（构）筑物等较大局部荷载时。

  c）地基或基础有显著差异,沿纵向产生不均匀沉降时。

  d）地震作用下的小曲线半径的隧道、刚度突变的结构和液化对稳定有影响的结构。

5.4.4 空间受力作用明显的区段,宜按空间结构进行分析。

5.4.5 隧道结构施工和使用阶段应进行抗浮验算,抗浮分项系数分别为施工阶段 1.1、使用阶段 1.2。

5.4.6 钢筋混凝土结构的最大裂缝宽度应按表 1 进行控制。

表 1 最大裂缝宽度限值

结构类型		限值(mm)
钢筋混凝土管片		0.2
其他结构	水中环境、土中缺氧环境	0.3
	洞内干燥环境或洞内潮湿环境	0.3
	干湿交替环境	0.2

注：① 当设计采用的最大裂缝宽度计算式中保护层的实际厚度超过30 mm时,可将保护层厚度的计算值取为30 mm。
② 厚度不小于300 mm的钢筋混凝土结构可不计干湿交替作用。
③ 洞内潮湿环境相对湿度为45%～80%。

5.4.7 计算简图应符合结构的实际工作条件,反映地层与结构的相互作用,并应符合下列规定：

a) 当受力过程中受力体系、荷载形式等有较大变化时,宜根据构件的施作顺序及受力条件,按结构的实际受载过程及结构体系变形的连续性进行结构分析。

b) 结构设计应按最不利情况进行抗浮稳定性验算。

5.4.8 预埋承插式连接件管片衬砌应限制荷载作用下的变形和接头展开量,应满足受力、防水和耐久性要求,结构计算的直径变形量≤2‰D(D为隧道外径),接缝张开量≤2 mm。

5.4.9 预埋承插式连接件管片衬砌宜采用错缝拼装形式,应考虑环间剪力传递的影响。

5.4.10 隧道结构横断面计算简图应根据地层情况、衬砌构造特点及施工工艺等确定,应考虑衬砌与地层共同作用及衬砌接头的影响。

5.4.11 宜采用匀质圆环或弹性铰模型计算,并采用梁-弹簧模型复核：

a) 衬砌结构可取单环按弹性匀质环或弹性铰环考虑(图1)。弹性铰环所承受的荷载与弹性匀质环相同,衬砌结构接头处所承受的弯矩 M 按下列公式确定：

$$当 M > 0 时, M = K_1^l \theta \tag{5}$$

当 $M<0$ 时,$M=K_1''\theta$ (6)

式中:

M——衬砌结构接头处所承受的弯矩(kN·m),以内侧受拉为正,外侧受拉为负;

θ——接头转角(rad);

K_1'、K_1''——接头的抗正弯矩回转弹簧刚度(kN·m/rad)、抗负弯矩回转弹簧刚度(kN·m/rad),纵缝接头刚度宜结合理论计算和接头试验确定。

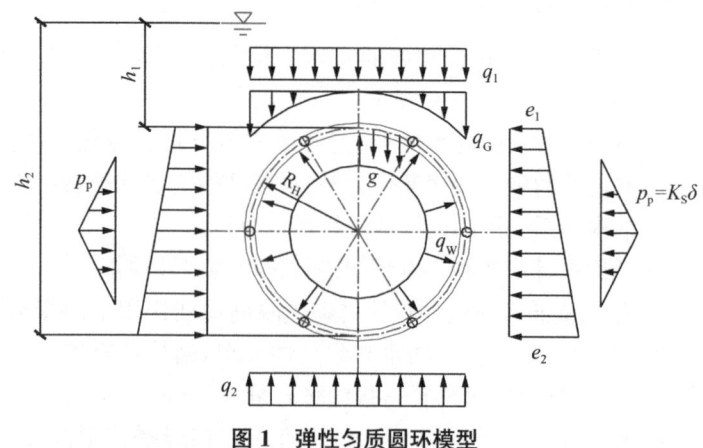

图 1 弹性匀质圆环模型

b) 衬砌结构宜按考虑衬砌刚度折减系数 η 及纵向弯矩传递系数 ζ 的修正惯用计算法进行内力分析。η 与 ζ 宜根据管片直接接头试验或接头部位夹片试验确定,η 可取 0.7~0.8。衬砌环在接头处的内力按下式计算:

$$M_{ji}=(1-\zeta)M_i, N_{ji}=N_i \qquad (7)$$

c) 与接头位置对应的相邻管片截面内力按下式计算:

$$M_{si}=(1+\zeta)M_i, N_{si}=N_i \qquad (8)$$

式中：

η——刚度折减系数，可取 0.7～0.8；

ζ——弯矩调整系数，可取 $\zeta=0.2\sim0.3$；

M_i、N_i——分别为匀质环模型的计算弯矩和轴力；

M_{ji}、N_{ji}——调整后的接头弯矩和轴力；

M_{si}、N_{si}——调整后的相邻管片本体的弯矩和轴力。

　　d) 管片结构与地层间的相互作用可采用仅受压的地基弹簧进行模拟。

　　e) 采用梁-弹簧模型(图 2)进行复核计算，弹簧的刚度可由计算或经验拟定，并通过试验确定。

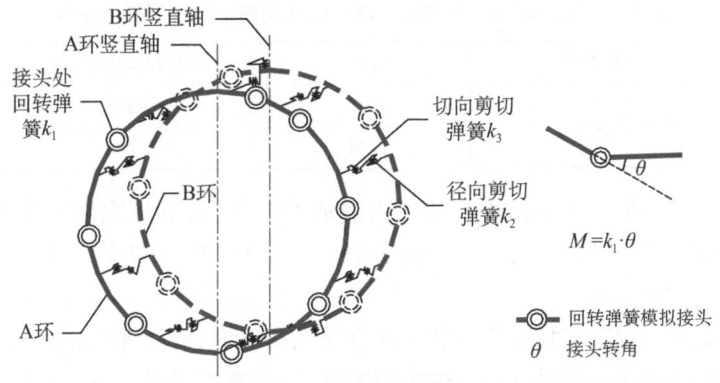

图 2　衬砌梁-弹簧模型

5.4.12　环缝和纵缝预埋承插式连接件接头计算应符合下列规定：

　　a) 管片接头计算内容应包括接头刚度计算、接缝张开量(变形)计算及连接件强度验算等。管片的接缝张开量应小于防水弹性密封垫的允许张开量。

　　b) 钢筋混凝土管片的纵缝接头应按照 GB 50010 中矩形截面偏心受压构件的承载能力极限状态计算。钢管片的纵缝接头，采用以管片边缘为回转中心的模型计算接头应力。

　　c) 环缝接头应进行盾构施工阶段抗剪强度验算；小半径曲线

隧道宜对环缝接头的弯曲应力进行验算。
>   d) 应对混凝土管片纵缝位置混凝土结构进行抗剪和抗冲切承载力的计算。
>   e) 承受盾构千斤顶顶力的管片环面应进行局部受压承载能力验算。

5.5 构造要求

5.5.1 钢筋的混凝土保护层厚度应根据结构类别、环境条件和耐久性要求等确定,一般环境作用下混凝土结构构件钢筋净保护层最小厚度应符合表 2 的规定。

表 2 一般环境作用下混凝土结构构件钢筋净保护层最小厚度

结构类型	部位	保护层厚度(mm)
钢筋混凝土管片	外侧	35
	内侧	25

5.5.2 楔形环环面楔形量应由隧道的直径、衬砌环宽度和隧道的曲线半径确定,可以选用双面楔或单面楔,环面斜率一般不宜大于 1∶300。

5.5.3 衬砌环封顶块拼装方式宜采用全纵向插入、半纵向插入,插入长度应与盾构设计、施工相配合,综合考虑拼装设备、千斤顶进行程、实践经验等因素选用。

5.5.4 管片应根据连接方式、起吊方式、拼装方式、注浆要求以及结构受力等因素合理确定接头预埋件、定位孔、起吊孔、注浆孔的位置与尺寸。

5.5.5 管片连接件、预留孔洞、预埋件等部位,应根据局部应力变化设置加强钢筋,并宜通过增加合成纤维等材料增加结构韧性。

5.5.6 预埋承插式连接件管片的衬砌制作、拼装、施工应满足下列精度要求:
>   a) 单块管片制作的允许偏差:宽度±0.3 mm,弧、弦长

±1.0 mm,管片外半径$^{+2}_{-0}$mm,管片内半径±0.5 mm,环缝、纵缝接头定位±0.5 mm。

b) 整环拼装检验的允许偏差:相邻环的环面间隙≤1.0 mm,纵缝相邻块间隙≤1.0 mm,拼装成环后各分块间的高差≤2 mm。

c) 环缝、纵缝接头的安装定位允许偏差≤0.5 mm;拼装允许偏差≤1.5 mm。

5.5.7 隧道始发和接收段衬砌环间应采用具有预加力施加装置的纵向拉紧措施。

5.6 预埋承插式连接件管片防水构造

5.6.1 采用预埋承插式连接件的管片均须采用沿纵向插入式拼装,防水密封垫断面构造应采用矩形或梯形构造形式(图3),与防水密封垫配套的沟槽尺寸宜为深度较小而宽度较大;宜采用内、外双道密封垫共同抵御水压。

5.6.2 防水密封垫宜采用遇水膨胀橡胶与非膨胀橡胶复合形式(图4),宜采用的材质为聚醚型聚氨酯弹性体或遇水膨胀橡胶,不应添加膨胀粉。遇水膨胀橡胶性能指标见表3。

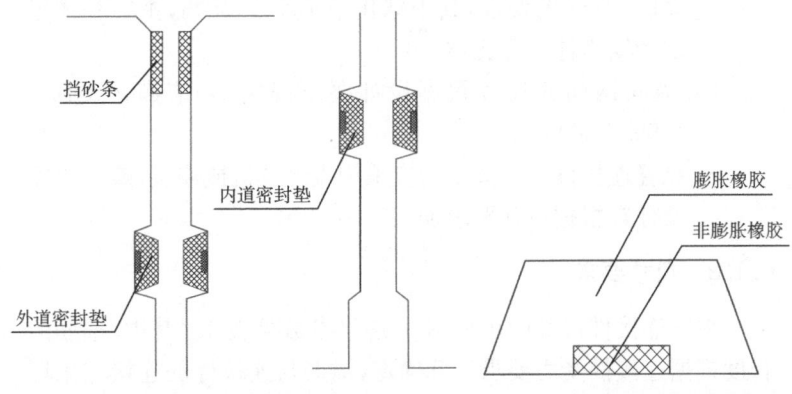

图3 双道密封垫防水构造示意图　　图4 密封垫剖面构造示意图

表 3 遇水膨胀橡胶性能指标

项目	硬度（邵尔 A）（度）	拉伸强度（MPa）	拉断伸长率（%）	体积膨胀倍率（%）	反复浸水试验			质量变化率（%）
					拉伸强度（MPa）	拉断伸长率（%）	体积膨胀倍率（%）	
指标	42±7	≥3.5	≥450	≥200	≥3	≥350	≥200	≤3

注：质量变化率的检测参见附录 E。

6 预埋承插式连接件

6.1 纵缝连接件一般规定

6.1.1 结构组成

纵缝连接件由球墨铸铁件与锚固钢筋组成，结构性能应满足本文件所规定的性能指标和设计要求。

6.1.2 材料性能

a) 纵缝连接件用球墨铸铁件应符合 GB/T 1348 中材料牌号 QT 500-7 的要求，其中球化率不小于 85%，主要基体组织为铁素体和珠光体。

b) 锚固钢筋的尺寸根据设计要求确定，并应满足 GB/T 1499.2 的要求。

c) 纵缝连接件与锚固钢筋应采用直螺纹机械连接，螺纹深度及牙数根据设计要求加工。

6.1.3 尺寸要求

纵缝连接件尺寸图示见图 5，规格参数见表 4。其中，锚筋的长度根据连接件受力要求计算确定，锚筋与连接件的连接应采用机械螺纹连接。

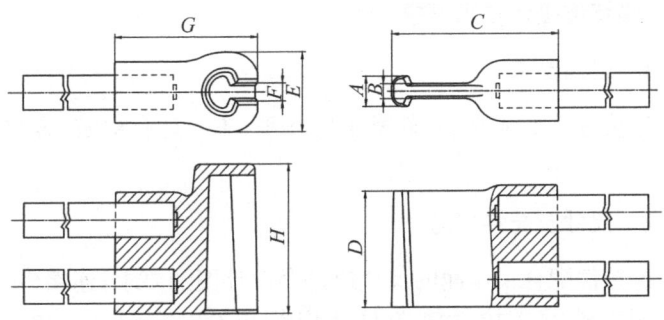

图 5 纵缝连接件尺寸图示

表 4 纵缝连接件规格参数

测试位置	连接件型号			
	D22	D25	D28	D32
宽度 A(mm)	23	26.5	29	31
腹板厚 B(mm)	11	13.7	16	17
长度 C(mm)	144	155.5	170	200
高度 D(mm)	100	105.4	120	145
腹板断面积(mm^2)	925	1 218	1 632	2 095
外径 E(mm)	58	73	78	89
开口宽度 F(mm)	14	15.9	18.5	20
圆弧厚度(mm)	17	21.5	24.5	30.5
长度 G(mm)	114	130	143	197
高度 H(mm)	130	135	150	175
锚筋直径(mm)	22	25	28	32

6.1.4 涂层要求

纵缝连接件的球墨铸铁表面应进行防腐处理,防腐涂层的材料及涂层厚度应符合设计要求。

6.2 纵缝连接件技术要求

6.2.1 表面要求

连接件表面应平整、轮廓清晰光滑,不允许有褶皱、裂纹、凹坑、毛边等缺陷。

6.2.2 尺寸及允许偏差

连接件配合工作面的尺寸应符合设计图的要求,连接件配合工作面以外的连接件铸造尺寸应符合 GB/T 6414 所规定的 DCTG10 级。

6.2.3 组件拉伸性能

纵缝连接件组合后应进行抗拉试验,抗拉承载力应符合表 5 的要求。当荷载未超过抗拉承载力时,连接件本体、连接件的连接处、锚固钢筋与连接件的连接处均不得发生破坏。

表 5 组件拉伸性能指标

组件拉伸性能	连接件型号			
	D22	D25	D28	D32
抗拉承载力(kN)	≥305	≥380	≥480	≥620

6.2.4 防腐涂层性能

耐碱试验:试验时间应满足设计要求,宜大于 480 h;试验后涂层不变色,无气泡和斑点。

中性盐雾试验(NSS):试验时间应满足设计要求,宜大于 1 200 h;试验后表面不应产生红锈。

6.3 环缝连接件一般规定

6.3.1 结构组成

环缝连接件由预埋套筒、连接螺杆和衬圈构成,见图 6。

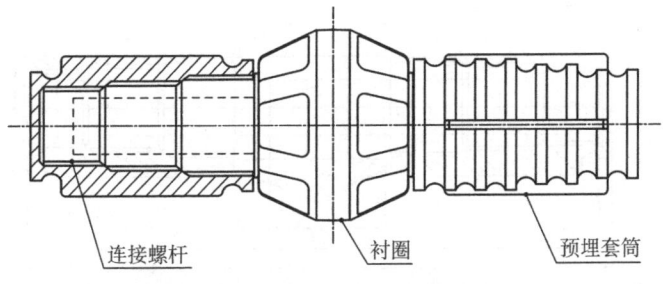

图 6 预埋承插式环缝连接件示意图

（图中标注：连接螺杆、衬圈、预埋套筒）

6.3.2 材料性能

预埋套筒、连接螺杆、衬圈的主要材料为增韧改性聚酰胺材料，其主要组分为聚酰胺和玻璃纤维，其余为颜料、热稳定剂、增韧剂、挤压助剂等添加剂。聚酰胺应采用新料，禁止使用回收料。阻燃性能应符合 GB/T 2408 中 V-2 等级要求。聚酰胺的拉伸性能应满足表 6 的要求。连接螺杆用嵌轴材料宜采用机械性能等级不低于 5.8 级的螺杆，其性能应符合 GB/T 3098.1 的规定。

表 6 聚酰胺材料拉伸性能要求

室温拉伸特征值(23 ℃±2 ℃)	室温拉伸断裂伸长率	室温拉伸弹性模量
≥90 MPa	≥3.0%	≥4 500 MPa

6.3.3 尺寸要求

按管片的环宽长度、混凝土结构的厚度、结构承载力不同环缝连接件产品分为 ST Ⅰ 型、ST Ⅱ 型、ST Ⅲ 型三个型号，各类型号外形构造见图 7。

环缝连接件各个组件尺寸公差应满足表 7 的要求，可根据设计图纸进行调整。

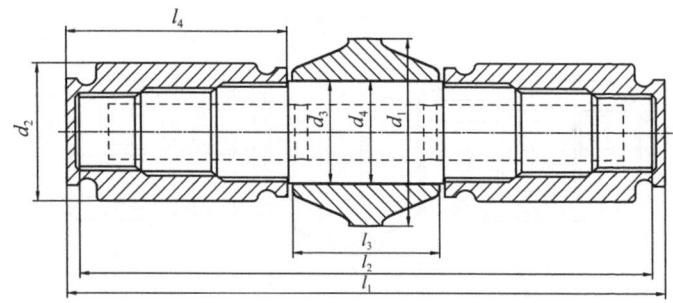

图7 环缝连接件构造示意图

表7 环缝连接件公差控制

部件名称	型号			允许偏差（mm）
	STⅠ型	STⅡ型	STⅢ型	
环缝连接件总长度 l_1(mm)	250	277	333	±0.3
连接螺杆长度 l_2(mm)	243	265.5	321	±0.3
衬圈长度 l_3(mm)	58	69	92	±0.3
预埋套筒长度 l_4(mm)	95.5	104	120	±0.3
衬圈外径 d_1(mm)	70	83	110	±0.3
预埋套筒外径 d_2(mm)	51	61.5	75.5	±0.3
衬圈内径 d_3(mm)	36.5	46.5	56.5	±0.3
连接螺杆直径 d_4(mm)	35	45.5	55	±0.3

6.4 环缝连接件技术要求

6.4.1 表面要求

连接件的表面应平整、光滑，无缩孔、凹凸、不平等缺陷。

6.4.2 尺寸测量方法

环缝连接件的长度、宽度、厚度、凹凸部位两端圆弧采用游标卡尺或专用量具进行测量,卡尺精度不应低于 0.02 mm。连接件的长度、宽度、厚度测量应取任意两截面测量,取平均值,精确至 0.1 mm。凹凸部位两端圆弧应测量其最大值,精确至 0.1 mm。各项尺寸允许偏差详见表 7。

6.4.3 单个连接件力学性能

预埋承插式环缝连接件的拉伸承载力和剪切承载力应符合表 8 的规定。

表 8 单个连接件力学性能

力学性能	型号		
	ST I 型	ST II 型	ST III 型
拉伸承载力(kN)	≥60	≥90	≥120
剪切承载力(kN)	≥130	≥180	≥230

注:试验加载至承载力时,抗拉伸位移≤3.5 mm,抗剪切位移≤5 mm。

6.4.4 阻燃性能

连接件原材料阻燃性能应按 GB/T 2408 规定的方法进行阻燃测试。

6.5 检验规则

检验分为型式检验和出厂检验。

6.5.1 检验项目和检验类型

检验项目和检验类型见表 9。

表9 检验项目和检验类型

序号	类别	检验项目	检验类型			
			型式检验		出厂检验	
			项目	数量	项目	数量
1	纵缝连接件	表面质量	√	6	√	全数
2		尺寸及允许偏差	√	6	√	6
3		组件拉伸性能	√	3	√	3
4		盐雾试验	√	2		
5		耐碱试验	√	8		
6	环缝连接件	表面质量	√	8	√	全数
7		尺寸及允许偏差	√	5	√	8
8		抗拉试验	√	3	√	3
9		抗剪试验	√	3	√	3
10		阻燃性能	√	2		
11	拼装验证	管片三环水平拼装	√	1		

6.5.2 检验方法

6.5.2.1 纵缝连接件的检验、试验

a) 纵缝连接件外形几何尺寸的检测采用精度不低于0.02 mm的游标卡尺进行。

b) 纵缝连接件组件拉伸性能试验方法详见附录A。

c) 当进行型式检验时,组件拉伸性能试验需加载至破坏,且连接件本体及锚筋螺纹部位均不得发生破坏。

d) 纵缝连接件盐雾试验按GB/T 10125进行。

e) 纵缝连接件耐碱试验按GB/T 9274规定的甲法(浸泡法)进行。

6.5.2.2 环缝连接件的检验、试验

a) 环缝连接件外形几何尺寸的检测采用精度不低于0.02 mm

的游标卡尺进行。

b) 环缝连接件的抗拉试验、抗剪试验见附录 B 和附录 C。

c) 环缝连接件聚酰胺材料的阻燃性能试验按 GB/T 2408 的规定进行。

d) 型式检验时,需对连接螺杆挤入预埋套筒的情况进行检验。在连接螺杆挤入预埋套筒时,聚酰胺材料不得出现破损;连接螺杆拼装到位后,环缝连接件连接螺杆与预埋套筒之间不得发生松动。

6.5.2.3 拼装验证试验

采用环缝、纵缝连接件的管片在进行三环水平拼装时,应根据设计图纸要求进行环缝间隙、纵缝间隙及直径等尺寸项目检验。

6.5.3 型式检验

6.5.3.1 具有下列情况之一时,应进行型式检验:

a) 新产品批量生产前。

b) 如结构、材料、工艺有较大改变,影响产品性能时。

c) 停产半年以上,恢复生产时。

d) 正常生产一年进行一次。

6.5.3.2 同种型号规格的产品组件型式检验的检验项目及数量按表 9 的规定执行。

6.5.3.3 如果有项目不合格,则判定型式检验不合格。

6.5.4 出厂检验

6.5.4.1 纵缝、环缝连接件应由制造厂检验部门检验合格,并取得合格证后方可出厂,检验项目及数量按表 9 的规定执行。

6.5.4.2 出厂检验组批原则:每 200 环管片连接件的用量为一个批次。

6.5.4.3 合格判定:每批抽样检测中,如有一项不合格,应加倍取样重新检验,全部检测项合格并剔除不合格品后方可出厂;如果仍有不合格项,则判定该批产品出厂检验不合格。

6.5.4.4 产品合格证的内容包括产品名称、型号规格、数量、制造厂名、检验日期、编号、公司质量检验专用章、检验员签章。

7 预埋承插式连接件管片生产要求

7.1 原材料及制作要求

管片生产所用的水泥、黄砂、石子、粉煤灰、矿粉、混凝土外加剂、钢材等原材料均应符合相关标准、规范的规定,且附有生产厂的产品质量保证书,并按规定的批量进行复检。

承插式纵缝连接件、环缝连接件应符合设计要求,承插式纵缝连接件生产使用前应全数复检,环缝连接件应按规定的批量进行复检。

7.1.1 水泥

宜采用强度等级不低于52.5的硅酸盐水泥、普通硅酸盐水泥,其性能应符合GB 175的规定。水泥碱含量(等效Na_2O)均不大于0.6%。不同厂商、不同品种水泥不得混用。

7.1.2 集料

细集料宜采用非碱活性的硬质天然砂,细度模数为2.3～3.3,含泥量不应大于2%,硫化物和硫酸盐含量不应大于1.0%,氯离子含量不应大于0.06%,人工砂总压碎值指标应小于30%,其他质量应符合GB/T 14684的规定。

粗集料宜采用非碱活性的碎石或破碎的卵石,其最大粒径不宜大于31.5 mm,且不应大于钢筋骨架最小净间距的3/4,针片状含量不应大于15%,含泥量不应大于1%,硫化物和硫酸盐含量不应大于1.0%,其他质量应符合GB/T 14685的规定。

7.1.3 混凝土外加剂

混凝土外加剂应符合 GB 8076 的规定，严禁使用氯盐类外加剂或其他对钢筋有腐蚀作用的外加剂。混凝土外加剂的应用应符合 GB 50119 的规定。

7.1.4 掺合料

粉煤灰应采用不低于 GB/T 1596 中 Ⅱ 级技术要求的粉煤灰。粉煤灰的使用应符合 GB/T 50146 的规定。

矿渣粉应采用不低于 GB/T 18046 中 S95 级技术要求的矿渣粉。

其他掺合料不得对制品产生有害影响，使用前应进行试验验证。

7.1.5 水

混凝土拌合用水应符合 JGJ 63 的规定。

7.1.6 钢筋

直径大于 10 mm 时，宜采用热轧螺纹钢筋，其性能应符合 GB/T 1499.2 的规定；直径小于或等于 10 mm 时，宜采用热轧光圆钢筋，其性能应符合 GB/T 1499.1 的规定。

钢筋加工和钢筋骨架制作按 JC/T 2030 的规定执行。

7.1.7 纤维

钢纤维的使用应符合 JG/T 3064 的规定，合成纤维的使用应符合 GB/T 21120 的规定。

7.1.8 承插式连接件

承插式连接件应确保连接件之间的匹配性，以及连接件与模具定位装置的匹配性。管片生产单位、钢模制造单位以及连接件生产单位应互相配合，确保连接件的定位精度。

7.2 管片生产技术要求

7.2.1 混凝土

7.2.1.1 混凝土设计强度等级不宜低于C50,抗渗等级不应小于P10。混凝土氯离子扩散系数 D_{cl} 不应大于 $3 \times 10^{-12} \mathrm{m}^2/\mathrm{s}$,混凝土的配合比设计应符合 JGJ 55 的规定,混凝土的质量控制应满足 GB 50164 的要求。

7.2.1.2 纤维混凝土应符合 JGJ/T 221 的规定。

7.2.2 纵缝连接件

7.2.2.1 纵缝连接件进厂应成批验收。每批应由同一型号、同一规格组成,每批数量应不大于 1 000 环连接件用量,检验项目及数量按表 10 的规定执行。检验项目中每个产品的检验结果都应符合 6.2 条相关要求,如有不合格项时,应对该项目加倍取样重新进行检验;如果仍有不合格项,则判定该批产品验收检验不合格。纵缝连接件的关键尺寸匹配度宜采用专用检具进行检验。

表 10　纵缝连接件检验项目和检验类型

序号	类别	检验项目	检验类型 验收检验 项目	检验类型 验收检验 数量
1	纵缝连接件	表面质量	√	全数
2	纵缝连接件	尺寸及允许偏差	√	3
3	纵缝连接件	组件拉伸性能	√	3

7.2.2.2 纵缝连接件不允许有影响连接使用的铸造缺陷存在(如裂纹、冷隔、缩孔、夹渣等)。在不影响使用功能的情况下,允许子连接件、母连接件存在能通过机械加工去除的表面缺陷。

7.2.2.3 不影响子连接件和母连接件使用的表面缺陷可以修补（焊补和其他方法），修补技术方案应由供需双方商定并通过设计单位的确认。

7.2.2.4 连接件安装前，应先检查模具安装位置是否干净，确认无误后方可安装连接件。

7.2.2.5 应采用与承插式连接件精度匹配的专用定位锁紧装置与钢模进行连接，并确保纵缝连接件在钢模上的定位精度，连接件与专用定位锁紧装置的接触面需能完全卡入且无缝隙，防止混凝土振捣过程出现漏浆现象。

7.2.2.6 专用定位锁紧装置清理时，应注意限位台阶的清理，且检查定位螺栓是否完好，安装前需在模具接触位置及定位螺栓位置涂刷黄油。

7.2.2.7 连接件安装过程中，应确保模具定位孔与锁紧装置之间以及锁紧装置与接头之间配合良好，防止配合不到位而影响连接件的定位精度。

7.2.2.8 纵缝母连接件安装后还需在顶部安装封头橡胶，封头橡胶安装完成后应注意橡胶是否与模具凸槽齐平。

7.2.2.9 纵缝连接件安装定位允许偏差应不超过±0.5 mm，对安装的就位、紧固及工序质量逐一进行复检，确保锁紧螺栓拧固，由质量检查员和施工操作人员确认后方可进入下道工序。

7.2.3 环缝连接件

7.2.3.1 环缝连接件进厂应成批验收。每批应由同一型号、同一规格组成，每批数量应不大于1 000环连接件用量，检验项目及数量按表11的规定执行。检验项目中每个产品检验结果都应符合6.4条相关要求，如有不合格项，应对该项目加倍取样重新进行检验；如果仍有不合格项，则判定为本批产品验收检验不合格。

表 11 环缝连接件检验项目和检验类型

序号	类别	检验项目	检验类型 验收检验 项目	数量
1	环缝连接件	表面质量	√	全数
2		尺寸及允许偏差	√	3
3		抗拉试验	√	3
4		抗剪试验	√	3

7.2.3.2 环缝连接件的预埋套筒，外观应光滑、平整、色泽均匀，不得有裂缝、缺损；螺纹表面应整洁、光滑，不应有影响使用的外观缺陷；连接件外覆聚酰胺材料的外观应光滑、平整、色泽均匀，不应有影响使用的外观缺陷。

7.2.3.3 表面有质量缺陷的环缝连接件（预埋套筒、连接螺杆、衬圈）不得投入管片生产使用，不允许进行修复处理。

7.2.3.4 连接件正确安装到模具上后，专用定位锁紧装置应与模具内表面平齐，拧紧后应紧固，不得松动。

7.2.3.5 钢模侧板的紧固螺栓卸下后方可开模，开模后应检查环缝连接件聚酰胺套筒的预埋状态，并按要求进行定位精度的检验。

7.2.4 成型管片外观质量

成型管片的外观质量应符合表 12 的规定。

表 12 成型管片外观质量要求

序号	项目	项目类别	质量要求
1	贯穿性裂缝	A	不允许
2	拼接面裂缝	B	拼接面方向长度不超过密封槽,且宽度小于 0.20 mm
3	非贯穿性裂缝	B	内表面不允许,外表面裂缝宽度不超过 0.20 mm

续表12

序号	项目	项目类别	质量要求
4	内、外表面露筋	A	不允许
5	孔洞	A	不允许
6	麻面、粘皮、蜂窝	B	麻面、粘皮、蜂窝总面积不大于表面积的5%时,允许修补
7	疏松、夹渣	B	不允许
8	缺棱掉角、飞边	B	不应有,允许修补
9	纵缝连接件工作面	A	平整、光洁,不得有混凝土残渣、污垢
10	预埋环缝连接件套筒	A	平整、光洁、螺纹清晰,不得有混凝土残渣、污垢

注:由于水泥砂浆表面收缩而引起的收缩裂纹不属于裂缝。

7.2.5 尺寸偏差

管片的尺寸允许偏差应符合表13的规定。

表13 管片尺寸允许偏差

序号	项目	项目类别	允许偏差(mm)
1	宽度	A	±0.3
2	厚度	A	−1～3
3	纵缝、环缝连接件定位	A	±0.5

7.2.6 水平拼装

水平拼装尺寸允许偏差应符合表14的规定。

表14 水平拼装尺寸允许偏差

序号	项目	项目类别	允许偏差(mm)
1	环缝(相邻环环间隙)间隙	A	≤0.8
2	纵缝(相邻块块间隙)间隙	A	≤1.0

续表13

序号	项目	项目类别	允许偏差(mm)
3	成环后内径	A	±2.0
4	成环后外径	A	0~4
5	拼装成环后各分块间的内弧面高差	A	≤2.0

7.2.7 检漏试验

在设计检漏试验压力、时间的条件下,不得出现漏水现象,渗水深度不超过 50 mm。

7.2.8 抗弯试验

抗弯性能应符合设计要求。

7.2.9 抗拔性能

抗拔性能应符合设计要求。

7.3 管片质量检测试验方法

7.3.1 混凝土

7.3.1.1 混凝土拌合物应在浇筑工序中随机取样,试验方法应符合 GB/T 50080 的规定;立方体试件的制作应符合 GB/T 50081 的规定。

7.3.1.2 每天拌制的同配合比的混凝土,取样不得少于 1 次,每次至少成型 3 组。其中,2 组试件与管片同条件养护,1 组试件用于标准养护。

7.3.1.3 与管片同条件养护的 2 组试件,一组用于检验脱模强度,另一组用于检验出厂强度;经标准养护的试件用于检验评定混凝土 28 d 抗压强度。

7.3.1.4 混凝土抗压强度试验方法应符合 GB/T 50081 的规定。

7.3.1.5 混凝土 28 d 抗压强度的评定应符合 GB/T 50107 的

规定。

7.3.1.6 设计的混凝土配合比在投入生产前(或有调整时)应进行混凝土抗渗试验,抗渗试验按 GB/T 50082 进行。

7.3.1.7 设计的混凝土配合比在投入生产前(或有调整时)应进行混凝土总碱量试验,混凝土总碱量按 CECS 53：1993 进行检验。

7.3.1.8 设计的混凝土配合比在投入生产前(或有调整时)应进行混凝土氯离子含量的试验,混凝土氯离子含量的试验按相应组分的氯离子含量试验方法进行检验,总氯离子含量为各组分带入的氯离子含量的总和。

7.3.2 外观质量、尺寸偏差和水平拼装

7.3.2.1 管片外观质量、尺寸偏差、水平拼装的检验方法与检验工具见表15。

表15 检验方法与检验工具

序号	检验项目		检验方法	量具分度值(mm)
1	外观质量	贯穿性裂缝	用20倍读数放大镜测量,精确至0.01 mm	0.01
2		拼接面裂缝	用20倍读数放大镜测量,精确至0.01 mm	0.01
3		非贯穿性裂缝	用20倍读数放大镜测量,精确至0.01 mm	0.01
4		内、外表面露筋	观察	
5		孔洞	观察、测量孔洞深度和长度	
6		麻面、粘皮、蜂窝	用钢卷尺或(钢直尺)测量,精确至1 mm	≤1
7		疏松、夹渣	观察	
8		缺棱掉角、飞边	观察	
9		纵缝连接件工作面	观察	
10		预埋环缝连接件套筒	观察	

续表15

序号	检验项目		检验方法	量具分度值（mm）
11	尺寸偏差	宽度	用游标卡尺在内、外表面端部及中部各测量3点,精确至0.1 mm	≤0.05
12		厚度	用游标卡尺在两个侧面端部及中部各测量3点,取6点的平均值,精确至0.1 mm	≤0.05
13		纵缝、环缝连接件定位	用专用检验工具及游标卡尺配合对管片中预埋的纵缝、环缝连接件进行检验,精确至0.1 mm	≤0.05
14	水平拼接	内径	用钢卷尺,在同一测量断面上约45°间隔的四个不同方向分别测量直径,计算平均值,精确至1 mm	≤1
15		纵、环缝间隙	用塞尺测量,每环与环、块与块测定一个最大值,精确至0.1 mm	≤0.05

7.3.2.2 管片纵缝连接件专用检验工具可按图8进行设计,主要目的是快速检验纵缝连接件在管片上的预埋精度。

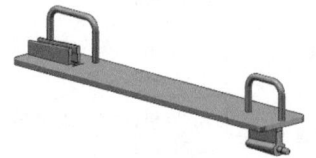

图8 管片纵缝连接件专用检验工具示意图

7.3.3 检漏试验

按 GB/T 22082 附录 A 检漏试验方法进行。

7.3.4 抗弯性能

按 GB/T 22082 附录 B 抗弯性能试验方法进行。

7.3.5 抗拔性能

按 GB/T 22082 附录 C 抗拔性能试验方法进行。

7.4 出厂合格证

在管片的内弧面应按 4.3 条的规定,标明永不磨损的模具编号、分块号以及拼装顺序标识。凡经检验合格的产品,应按规定填写出厂证明书,其内容应包括:

e) 制造厂厂名、商标、厂址、电话。
f) 生产日期、出厂日期。
g) 执行标准。
h) 产品型号、规格。
i) 混凝土抗压强度检验结果。
j) 出厂检验项目检验结果。
k) 制造厂技术检验部门签章。

7.5 贮存和运输

7.5.1 贮存

7.5.1.1 管片堆放场地应坚实平整。

7.5.1.2 管片应按型号分别码放,可采用侧面立放或内弧面向上平放,管片之间应使用垫木分隔。管片堆放高度应根据管片的自重计算复核决定。管片内弧面向上平放超过 5 层或侧面立放超过 3 层时,应对堆场地坪的承载进行校核验算。

7.5.1.3 管片在吊装过程中应采取适当的防护措施,防止损坏管片。

7.5.2 运输

7.5.2.1 管片运输时应放在支垫物上,层与层之间用垫木隔开,每层支承点应对齐,各层支垫物在同一条竖直线上。

7.5.2.2 管片的驳运应采用加设了防震、防碰撞装置的专用车辆进行,运输途中应匀速行驶,严禁急刹车。

8 预埋承插式连接件盾构隧道施工及验收要求

8.1 管片进场验收及使用前准备工作

8.1.1 管片进场应检查混凝土试件的强度和抗渗性能试验报告、管片结构性能检验报告和出厂合格证。进场后须进行验收,现场验收合格后方可使用,并填写预埋承插式管片进场验收记录表,详见附录F;不合格的当场退货,并留存退货记录。

8.1.2 应采用专用检验工具对预埋承插式管片的纵缝连接件的定位精度进行逐个检验,现场验收合格后方可使用。

8.1.3 应对管片上预埋的环缝连接件套筒定位精度进行抽检,抽检频率为每50环检测1环。管片环缝连接件的连接螺杆应随管片一同由管片生产单位运输至施工现场,连接螺杆的数量应与管片数量相匹配,并附带相应的合格证及复试报告,现场验收合格后方可使用,并填写环缝连接件连接螺杆进场验收表,详见附录G。

8.1.4 纵缝连接件专用检验工具每检验500环后,应进行校验。若使用过程中检验工具不符合使用要求,应及时更换。

8.1.5 管片混凝土强度应符合设计要求。进场管片应进行混凝土强度的抽检工作,检测方法按照回弹法进行,每3环管片抽检1块标准块。抽检管片混凝土强度不合格的,要求对本次进场的管片全部抽检。强度不合格的管片不允许使用,并做好抽检记录资料的收集与归档。

8.1.6 应对管片外观质量进行检查验收,并符合下列规定:

a) 不允许有贯穿性裂缝、内表面非贯穿性裂纹、内外表面露筋、孔洞、疏松、夹渣等严重缺陷。

b) 不应有拼接面方向长度超过密封槽或宽度大于0.2 mm的拼接面裂缝。

c) 表面不应有裂缝宽度大于 0.2 mm 的非贯穿性裂纹。
d) 不应有总面积大于表面积的 5% 的粘皮、麻面、蜂窝。
e) 不应有缺棱掉角、混凝土剥落。
f) 环缝连接件孔定位应准确,内弧面光滑,不得有浮浆。

8.1.7 使用前应做好下列准备工作:

a) 应对管片止水槽及管片表面进行清理,确保止水槽及管片表面干净、无异物。
b) 应对吊装孔、纵向连接孔再次检查,确保孔洞通畅、无堵塞现象。
c) 应对密封垫粘贴情况进行检查,确保密封垫粘贴牢固、平整、严密、位置正确,不得有起鼓、超长、缺口现象。
d) 拼装前应再次核对管片型号是否正确,管片表面须清洗干净、无污染物。
e) 拼装前应对封顶块管片密封垫涂刷润滑剂,确保拼装顺利,密封垫不得出现挤压现象。

8.2 盾构设备要求

8.2.1 推进系统

a) 推进千斤顶的有效行程应不小于 2 100 mm(适用于 1.2 m 环宽管片)。
b) 推进千斤顶靴板原则上不得跨缝布置。
c) 推进千斤顶压力控制应分为可独立控制的上、下、左、右 4 个分区,满足盾构机纠偏要求;应配备不少于 4 套内置式千斤顶行程传感器,准确、直观地显示盾构机千斤顶伸缩值和速度。
d) 盾尾有效间隙应不小于 30 mm。

8.2.2 管片拼装机系统

a) 应满足预埋承插式管片的拼装要求,能有效进行管片安装的定位和调整;采用中心回转型式,且具备无线和有线操作控制功能。

b) 宜采用机械式抓举,且工作能力应不低于最大管片重量的 1.5 倍。

c) 应具备无极变速功能,且具备平移、提升、回转 6 个自由度,其中正反转旋转角度不小于 200°,定位精度不低于 1.5 mm,具备微动调节功能。

d) 拼装机负载测试时,要求平移、提升、回转等动作时运行平稳、制动可靠,各回转支承安装定位准确、安全可靠,各系统的工作压力正常。

8.2.3 自动测量系统

a) 应配备管片自动选型系统,提供至少后 5 环管片拼装建议。

b) 应配备盾尾间隙自动测量系统,环向测量点不少于 4 点且分布合理,单点测量精度≤1 mm,系统综合精度允许偏差 ±2 mm。

c) 应配备施工自动导向系统及计算机管理系统,采用自动全站仪,仪器测角精度不低于 2″,测距精度不小于 2 mm+2 ppm。

d) 应具备自动连续测量能力,取得切口中心、盾构机铰接中心(铰接盾构机)、盾构机盾尾中心的三维坐标及其与设计轴线的偏差值,系统三维坐标采用水平面坐标+高程坐标的表示方式。

e) 应具备区间隧道设计轴线数据输入、编辑功能以及掘进姿态的预测、分析和管理功能。

f) 应具备自动后视棱镜校核、仪器整平误差修正和报警功能。

g) 应设有地面管理工作站;经自动测量系统测量、计算得出的结果应有数据记录,并能够被查询和读取。

8.2.4 同步注浆系统

a) 盾构机应配备 4 用 4 备分支管路同步注浆系统,每个分支管路出口应配备压力、流量显示及数据采集装置,注浆量可累计计算并显示。
b) 同步注浆泵每个柱塞出口对应一个注浆点,每个注浆分支管路可单独控制,并能根据盾构机推进速度自动调节注浆流量,且该系统兼有手动控制模式。
c) 同步注浆泵应采用满足单液厚浆的柱塞泵,输出流量、压力应满足施工需要,最大可调总输出不低于 24 m^3/h。

8.2.5 视频监控系统

应配备数量满足使用要求的摄像头,具备数字录像及储存功能。

8.2.6 数据采集系统

应具备独立远程数据传送接口。

8.2.7 盾构设备井底验收

盾构整机调试正常后应根据验收大纲及盾构设备技术要求进行盾构设备井底验收,并填写盾构机拼装机井底调试验收记录表。盾构设备井底验收要求盾构壳体无肉眼可见变形,盾构壳体直线度、盾尾椭圆度满足设计要求。

8.3 盾构掘进施工要求

8.3.1 盾构掘进过程中应对管片拼装、盾构姿态、同步注浆等进行精细化管理,对相关施工参数进行详细记录并逐环管理,严格控制并满足设计要求。

8.3.2 盾构掘进过程中应控制每环管片的盾构姿态纠偏量,单环盾构姿态切口变化量、盾尾变化量以及切口变化量与盾尾变化量之差均应控制在 4 mm 以内。

8.3.3 盾构掘进过程中应控制好盾尾间隙,当盾尾有效间隙小于 15 mm 时,应立即采取纠偏措施。

8.3.4 盾构掘进过程中同步注浆应满足下列要求:
 a) 注浆浆液配比和压注工艺应与工程所处地质及水文条件、环境保护、盾构机设备、变形控制等条件相适应,并通过试验段进行调整优化。
 b) 同步注浆应遵循"掘进注浆同步,不注浆、不掘进"的原则。
 c) 同步注浆应以注浆量及注浆压力双重指标进行控制,并应根据沉降监测数据及时进行调整。

8.3.5 盾构掘进过程中应采取措施控制隧道上浮和下沉,特别是富水地层、软硬不均地层,隧道脱出盾尾上浮量或下沉量不宜大于 20 mm。

8.3.6 盾构机试掘进完成 100 环后,应进行试掘进验收。

8.3.7 盾构施工各阶段推进要求

8.3.7.1 始发阶段
 a) 应根据实测洞门中心计算发射架标高及轴线位置;发射架安装完成后应对其定位进行复测,并及时进行加固。
 b) 导台标高应与发射架导轨匹配,导台宜采用钢筋混凝土结构。
 c) 应按照设计要求进行盾构始发段的管片纵向整体拉紧。当始发段处于小半径曲线时,应根据实际工况增设固定点。

8.3.7.2 掘进阶段
 a) 盾构机掘进速度宜匀速、均衡,与同步注浆相匹配。
 b) 盾构掘进过程中,应通过调整盾构机掘进姿态、合理选择拼装点位来调整盾尾间隙,使管片姿态拟合盾构机姿态。
 c) 每班组掘进任务完成后,宜比对复核盾尾间隙手动测量和自动测量的数据。一般情况下,对上、下、左、右 4 个部位进行盾尾间隙手动测量；若盾尾有效间隙小于 15 mm，需手动测量至少 8 个部位，并确定整改措施。

d) 盾构机每掘进一环后必须及时清理盾尾杂物和积水，确保下部管片拼装区域清洁以及密封垫干燥且无夹杂泥砂。

e) 待盾构机推进 150 环后，在始发段洞门拉紧装置安装完成、始发段监测数据稳定的条件下，可拆除负环管片，并施作井接头。

f) 为控制管片出盾尾后的上浮量，应及时采取纵向拉紧、压重等措施，且千斤顶的上、下推力差宜控制在一定范围内，并调整同步浆液配合比，缩短浆液凝固时间。

8.3.7.3 接收阶段

a) 盾构距离接收井不小于 100 m 处和盾构进入加固体前，应根据洞门复测结果合理调整盾构姿态，及时调整盾构施工参数。

b) 盾构接收段掘进施工前应研究确定盾构推进过程中施工措施，确保管片拼装到位和盾构接收安全。

c) 盾构接收井的洞门破除后、盾构千斤顶推力卸除前，施工单位应按照设计要求进行纵向整体拉紧，使该施工阶段管片环缝挤压密实。

d) 盾构法区间隧道贯通后，应立即进行封环注浆，待封环注浆效果满足设计要求后再施工井接头。待井接头施工完成并达到设计强度后，接收段洞门拉紧装置方可拆除。

8.4 管片拼装要求

8.4.1 负环须采用整环钢管片，负环拼装完成后，整环管片端面平整度不大于 0.5 mm，直径变形不大于 1‰D。最后一环钢管片应与预埋承插式管片接头相匹配。

8.4.2 预埋承插式管片盾构区间隧道不得使用软木衬垫和纠偏

楔子。

8.4.3 环缝连接件内的连接螺杆须全部安装到位。

8.4.4 在管片拼装前,应对密封垫的纵缝表面涂刷水性润滑剂。水性润滑剂粘度不得大于 300 cps。

8.4.5 预埋承插式管片应按照设计要求的顺序进行拼装。

8.4.6 封顶块拼装前应进行弦长测量,测量点位为封顶块圆弧方向角点位置;在两侧邻接块管片距离较设计值大 0.5 mm～1 mm 的条件下,方可进行封顶块的拼装。

8.4.7 封顶块拼装时,先径向搭接 1/2 的环宽,然后将管片密封垫挤压密实后纵向插入,待两侧纵缝连接件均卡实后将封顶块顶推到位。

8.5 隧道防水要求

8.5.1 防水密封垫进场应附带相应的合格证及质量保证书,进场前须对防水密封垫外观质量进行现场验收,并填写密封垫进场验收记录表,详见附录 H。

8.5.2 防水密封垫进场后应及时进行抽检,同标段、同品种、同规格的 500 环为一个检验批;当不足 500 环时,应计为一批。检测合格后方可投入使用。

8.5.3 防水密封垫应贮存在无阳光直射、温度不小于 5 ℃ 且通风良好的仓库内。防水密封垫应无挤压放置,且应避免受潮和在管片拼装前遇水膨胀。

8.5.4 防水密封垫的长度尺寸须与管片型号匹配,粘贴前须对管片密封垫沟槽进行清洁,且保持干燥。粘贴时,应在管片密封垫沟槽满涂粘结剂,涂刷后应晾置待手指接触无拉丝条件下再进行防水密封垫粘贴。防水密封垫应确保粘贴牢固。粘贴完成后,防水密封垫不应高于管片密封垫沟槽 1.5 mm。

8.5.5 粘贴防水密封垫后的管片堆放,应设置防雨措施,并尽快使用。

8.5.6 管片吊运时,应确保防水密封垫不失落、不移位。

8.5.7 管片拼装时,应严防防水密封垫脱槽、扭曲;封顶块拼装时,应保持足够的封口尺寸,并按照要求涂刷水性润滑剂。

8.5.8 管片表面出现缺棱掉角、混凝土剥落时,应及时进行修补。

8.5.9 混凝土管片的碎裂掉块修补,应综合考虑破损原因、修补范围、环境条件、安全性、经济性等因素,有针对性地选择合理、适用的修补方法。

8.5.10 修补材料抗压强度不应低于管片强度。

8.5.11 采用预埋承插式管片的盾构区间隧道宜做到结构无渗漏。

8.6 成型隧道验收标准

8.6.1 预埋承插式管片区间隧道盾构推进过程中的各检验项目允许偏差和检验方法详见表16。

表16 施工过程允许偏差和检验方法

序号	检验项目	允许偏差	检验方法
1	盾构姿态纠偏量(切口变化量、盾尾变化量、切口与盾尾变化量之差)	水平:4 mm 垂直:4 mm	全站仪测量
2	盾尾间隙	≥15 mm	尺量/自动监测
3	轴线偏差	±50 mm	全站仪测量
4	隧道上浮(成型管片竖向位移)	≤20 mm	水准仪测量
5	水平直径变形量(‰)	1‰D(管片在盾尾内) 2‰D(管片脱出盾尾)	全站仪测量
6	环、纵缝张开	≤0.5 mm(管片在盾尾内) ≤1.0 mm(管片脱出盾尾)	塞尺测量
7	管片错台	≤0.5 mm(管片在盾尾内) ≤1.0 mm(管片脱出盾尾)	尺量
8	环面平整度	≤1.0 mm	尺量

8.6.2 预埋承插式管片区间隧道盾构贯通后的各检验项目允许

偏差和检验方法详见表17。

表17 成型隧道允许偏差和检验方法

序号	检验项目	允许偏差	检验方法
1	轴线偏差	±100 mm	全站仪测量
2	衬砌环椭圆度	5‰D	全站仪测量
3	环、纵缝张开	≤1.0 mm	塞尺测量
4	管片错台	≤2.0 mm	尺量

8.6.3 主控项目

a) 结构表面应无贯穿性裂缝、无缺棱掉角,管片接缝应符合设计要求。

检验数量:全数检验。

检验方法:观察,检查施工记录。

b) 隧道防水应符合设计要求。

检验数量:逐环检验。

检验方法:观察,检查施工记录。

c) 隧道轴线平面位置和高程偏差应符合表16、表17的规定。

d) 衬砌结构严禁侵入建筑限界。

检验数量:每5环检验1次。

检验方法:全站仪、水准仪等测量。

8.6.4 一般项目

隧道允许偏差应符合表16、表17的规定。

附录 A
（规范性）
纵缝连接件组件拉伸性能试验方法

A.1 试样

纵缝连接件由球墨铸铁件与锚固钢筋组成，试件两端应连接牢固，锚固钢筋加工直螺纹前应镦粗。

A.2 试验设备

试验机应根据 GB/T 16825.1 校准和校验，其准确度应至少达到 1 级。

图 A.1 为纵缝连接件组件拉伸试验示意图，试验夹具应与连接件紧密连接，且具有一定的刚性。

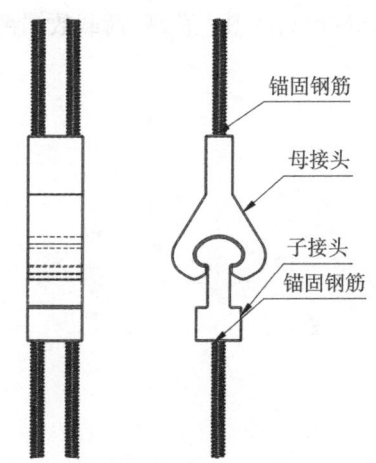

图 A.1 纵缝连接件组件拉伸试验示意图

A.3 试样数量

试验的试样应不少于3个。

A.4 试验程序

试验应在10 ℃~35 ℃的温度下进行。

将组装完成的连接件对称地夹在试验机的上、下夹具内,应使试样受力均匀。安装时应确保拉伸力作用在中心位置,且在同一轴线上。启动试验机,按(2.0±0.5)kN/s或(10.0±1.0)mm/min的速率对试样进行拉伸试验,直至达到设计荷载要求。如检测时发生打滑现象,或断裂处发生在距加持部位的最小距离小于20 mm,应另取样品重新试验。

A.5 数据记录

在整理同组试件测试结果时,应给出每一个试件的检测值。记录每一个试件加载的最大荷载,荷载数据精确至0.1 kN。

附录 B
（规范性）
环缝连接件组件抗拉试验方法

B.1 试样

试件的表面质量和尺寸偏差应满足规范要求。

B.2 试验设备

试验机应根据 GB/T 16825.1 校准和校验，其准确度应至少达到 1 级。

图 B.1 所示为环缝连接件组件抗拉试验示意图，试验夹具应与连接件紧密连接，且具有一定的刚性。

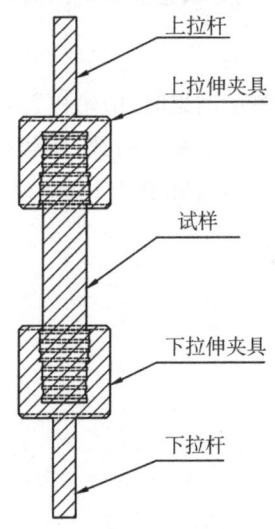

图 B.1 环缝连接件组件抗拉试验示意图

B.3 试样数量

试验的试样应不少于3个。

B.4 试验程序

试验应在10 ℃～35 ℃的温度下进行。

检测时可将连接件中间的衬圈取下,将试件沿轴线方向用记号笔画一根直线并测量其长度(L_0)。再将试件夹在试验机的上、下夹具内,夹具应与试件紧密连接,应使试样受力均匀。启动试验机,按(2.0 ± 0.5)kN/s或(10.0 ± 1.0)mm/min的速率缓慢加载,直至达到设计荷载要求。如检测时发生打滑现象,应另取样品重新试验。

若试样断裂,将试样断裂的部分仔细地配接在一起使其轴线处于同一直线上,再次测量试验前标记的直线长度(L_1)。

B.5 数据记录

在整理同组试件测试结果时,应给出每一个试件的检测值。

记录每一个试件加载的最大荷载,荷载数据精确至0.1 kN。

抗拉位移为L_1-L_0,精确至0.1 mm。

附录 C
（规范性）
环缝连接件组件抗剪试验方法

C.1 试样

试件的表面质量和尺寸偏差应满足规范要求。

C.2 试验设备

试验机应根据 GB/T 16825.1 校准和校验，其准确度应至少达到 1 级。

图 C.1 所示为环缝连接件组件抗剪试验示意图，试验时试验夹具应与连接件试样紧密连接，夹具应具有一定刚性，且能够自动记录试验机横梁位移。

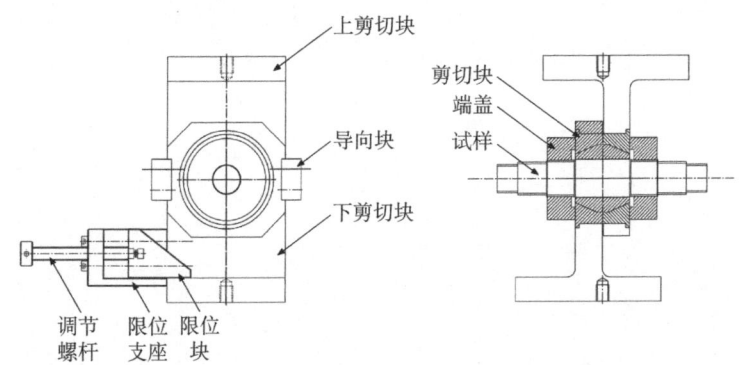

图 C.1 环缝连接件组件抗剪试验示意图

C.3 试样数量

试验的试样应不少于 3 个。

C.4 试验程序

试验应在 10 ℃～35 ℃的温度下进行。

将试件放入试验装置后一起放入试验机内。试验夹具与连接件应紧密连接,且具有一定的刚性。安装时应确保剪切力作用在连接件的中心位置,且在同一轴线上。

启动试验机,先以(0.5±0.1)mm/s的速率缓慢加载至1 kN,记录横梁的初始位移值L_u。然后以(2.0±0.5)kN/s或(4.0±1.0)mm/min的速度缓慢加载,直至达到设计荷载要求,记录此时横梁位移值L_c。夹具与试件在加载过程中不应出现打滑现象。如有打滑,应停止试验,重新安装夹具或更换样品后再次进行试验。

C.5 数据记录

在整理同组试件测试结果时,应给出每一个试件的检测值。记录每一个试件加载的最大荷载,荷载数据精确至0.1 kN。抗剪位移为$L_c - L_u$,精确至0.1 mm。

附录 D
（规范性）
防水密封垫水压试验方法

本附录适用于管片防水密封垫防水能力的检测。

D.1 水压试验形式

采用双道 T 字缝试验，建议采用圆环形试验装置（图 D.1）。水压试验工装建议采用可视化类透明材料制作，以便于观察遇水膨胀体的变形情况。

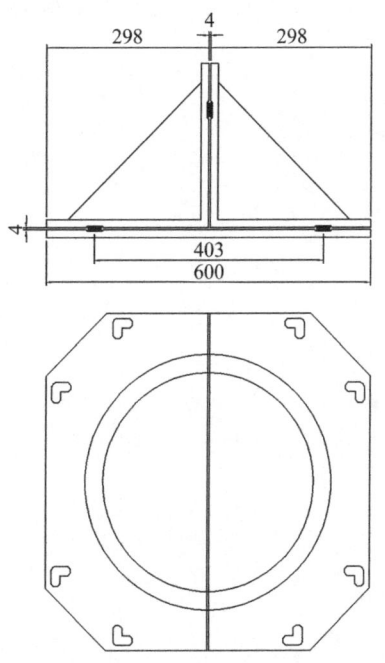

图 D.1 水压试验示意图（单位：mm）

D.2 密封垫尺寸

① 厚度 6 mm,厚度公差(−0.5 mm,0 mm);
② 厚度 5.5 mm,厚度公差(−0.5 mm,0 mm)。

D.3 试验步骤

阶段一:张 2 mm,错 2 mm,水压满足 0.8 MPa。
阶段二:张 2 mm,错 2 mm,测试极限水压力。
阶段三:张 4 mm,错 10 mm,测试极限水压力。

D.4 反复浸水

按照 GB/T 18173.3 的规定,反复浸水后,进行上述水压试验。

附录 E
（规范性）
防水密封垫特殊浸水试验方法

本附录适用于管片防水密封垫质量变化率的检测。

具体试验步骤：

① 取 5 cm 长的样品 3 件。

② 将试样在自由状态下分别浸泡在 70 ℃的 500 mL 蒸馏水中,持续时间为 72 h。之后,将试样置于完全干燥的状态下进行干燥处理。干燥条件：60 ℃；干燥时间：直至试样无质量变化为止。无质量变化标准：在连续 4 d 内,试样的质量变化率降低不超过 0.1%。

$$质量变化率(\%) = \left(\frac{不浸泡试样干燥后质量}{不浸泡试样干燥前质量} - \frac{浸泡试样干燥后质量}{浸泡试样浸泡前质量} \right) \times 100\%$$

附录 F
（规范性）
预埋承插式管片进场验收记录表

管片生产厂家：　　　　　　　　盾构施工单位：
监理单位：

环号	管片型号	外观质量			连接件精度			检验工装编号	进场日期	检验结果	备注
		缺角掉边现象	管片有无裂缝	修补情况	环缝连接件	纵缝连接件					
						左侧	右侧				
	VB1										
	VB2										
	VB3										
	VL1										
	VL2										
	VF										
	VB1										
	VB2										
	VB3										
	VL1										
	VL2										
	VF										
	VB1										
	VB2										
	VB3										
	VL1										
	VL2										
	VF										

填表人：　　　　　　　质检员：　　　　　　　现场技术负责人：
监理工程师：　　　　　　　　　　　　　　　　　　年　月　日

附录 G
（规范性）
环缝连接件连接螺杆进场验收记录表

管片生产厂家：　　　　　　　　盾构施工单位：
监理单位：

序号	外观质量		尺寸偏差		进场日期	检验结果	备注
	表面情况	丝牙情况	长度	直径			

备注：外观质量全数验收，尺寸偏差以每 8 环为一批次进行验收。
填表人：　　　　　质检员：　　　　　现场技术负责人：
监理工程师：　　　　　　　　　　　　　　　年　　月　　日

附录 H
（规范性）
防水密封垫进场验收记录表

密封垫生产厂家： 盾构施工单位：
监理单位：

序号	密封垫型号	外观质量			进场日期	检验结果	备注
		龟裂情况	表面平整情况	表面光滑情况			

填表人： 质检员： 现场技术负责人：
监理工程师： 年 月 日